SUDOKU

100 PUZZLES WITH SOLUTIONS

MULTI LEVEL **BOOK 3**

ISBN: 9781694062864
Copyright © 2019 Tim Bird.

All rights reserved. No part of this publication may be reproduced, distributed, or transmitted in any form or by any means, including photocopying, recording, or other electronic or mechanical methods, without the prior written permission of the publisher.

The contents of this book are believed to be correct at time of printing. Nevertheless the publisher cannot accept responsibility for errors and omissions, changes in the detail given or for any expense or loss thereby caused.

A standard Sudoku puzzle consists of a grid of 9 blocks. Each block contains 9 boxes arranged in 3 rows and 3 columns.

8	4	1	7	9	6		3	2
			2	5	4	8	1	
6	2	5	3	1		9	4	7
2		8		3	7	4	5	1
3		7	4	8		2	6	9
	5	6	9		1			8
5							2	3
1	6	3	8	4	2	7	9	5
9	7	2	5	6	3	1	8	4

The Basic Rules of Sudoku:

- There's only one solution to a Sudoku puzzle. A puzzle is considered solved when all 81 boxes contain numbers by following the Sudoku rules.
- When you start a game of Sudoku some blocks already have numbers (fewer number make a harder puzzle). These numbers cannot be changed.
- Each column must contain every number from 1 to 9 and no two numbers in the same column can be duplicated.
- Each row must contain every number from 1 to 9 and no two numbers in the same row can be duplicated.
- Each block must contain every number from 1 to 9 and no two numbers in the same block can be duplicated.

Here's the solved puzzle:

8	4	1	7	9	6	5	3	2
7	3	9	2	5	4	8	1	6
6	2	5	3	1	8	9	4	7
2	9	8	6	3	7	4	5	1
3	1	7	4	8	5	2	6	9
4	5	6	9	2	1	3	7	8
5	8	4	1	7	9	6	2	3
1	6	3	8	4	2	7	9	5
9	7	2	5	6	3	1	8	4

Puzzle 1
Easy

2	3	9	6	1	4	7	5	8
8	5	7	9	3	2	1	6	4
		1	7		8	9		
9	1	2	3	6	7		4	5
5	7	8	4	2	9	3	1	6
3			1	8	5	2	7	9
			7	1		5		
1		5		4	3	6		7
7	2	3	5	9	6	4	8	1

Puzzle 2
Easy

9	3	7			1	2	4	8
5	2	8	4	7	9	1	6	3
4	6	1	3	2	8	7	5	9
3	9	4	2	1	6	5	8	7
6	7	2	8	9	5	4	3	1
1	8	5	7			9	2	6
7	4	3		8	2	6		5
						8		4
8						3		2

Puzzle 3
Easy

	5	9		3			8	
1	3		9	5		2	7	
			7	1	8		5	3
5		7	3	8	2		4	
6	8	2			1	7	3	5
	1	3	6	7	5	8	2	9
3	2	5	1	6		4	9	8
8	6	4	5		9	3	1	7
9	7	1		4	3	5	6	2

Puzzle 4
Easy

	4	7	3	6	8	9		
		5		9	4	3		7
3		9	7	5	1	8	4	2
	3	4	8	2	5	7	9	6
6	5	2	9	4		1		
7	9	8	1	3	6	2		4
5	2	1	6	7	9			8
4	8			1	2	6	7	
9	7	6	4	8	3	5	2	1

Puzzle 5
Easy

7			2	3	6	1	4	5
3	4	2	1	5	7	9	6	8
	5		4	8	9	7		3
9	3	4	8	7	1	6	5	2
8			6	2	5	3		4
2	6	5	3	9	4	8	7	1
	2		5		3	4	8	
4			9		2	5		
5			7	4	8	2		

Puzzle 6
Easy

5	4	8		3	6	1	9	2
3	2	1	5	9	8	4	6	7
7	6	9	4	2	1	3	5	8
	5	6		1	2	7	4	
				6	4		1	
4	1	3		5	7		2	
6	9	5	1	8	3	2	7	4
1	3	4	2	7	9		8	
			6	4	5	9	3	1

Puzzle 7
Easy

6			1		8	5	2	4
1	4	5	6	7	2			9
3		8	9	5	4	6	1	7
2	5		4	6				1
8		6	7	2				
			5	8				6
7	3	4	8	1	6	9	5	2
5	6	2	3	9	7	1	4	8
9	8	1	2	4	5	7	6	3

Puzzle 8
Easy

8	6	1	4	7	3	5		
4	7	2	6	9	5	3	1	8
5	9	3	2	8	1	4	6	
9		5			6	1		3
	3	7		1	2	8		4
1	4	8	3	5		6		
2	8	6	5	3	9	7	4	1
3	1	9					8	
	5	4	1	2	8	9	3	6

Puzzle 9
Easy

8	2	9	3	6	4			
7	1	3	9	5	2	4	6	8
5	4	6	1	8	7	3	9	2
2	7	5	6	3	8	9		
3	9	1	2	4	5	7	8	
6	8	4	7	1		2	5	3
4	3	8	5	7		6		9
1		2		9				
9		7		2				

Puzzle 10
Easy

4	8	3	5	2		9	7	6
	7	5	6	8	9	3		4
1	9	6	4	7		5	8	2
8	2	4				1	6	9
6		9	8	1	2	4		7
7	5	1	9	4	6	8	2	3
	4	2	1		8	7	3	
	1	7					9	8
3	6	8	7	9	5	2	4	1

Puzzle 11
Easy

7	6			4	3	8		
5	4	1	8		7		6	3
8	3		6		1		4	7
3	9	7	4	8	2	1	5	6
1	5	6	3	7	9	4	8	2
4	2	8	1	6	5	7	3	9
9	1	3			4	6		8
2	8	5			6			4
6	7	4			8			

Puzzle 12
Easy

8	6	2	7		1		3	
7			6	3	4	2	8	5
4	5	3	2		8	7	6	
6	4	8		2	5		9	7
3	2	9	4	8	7	1		6
		5	3	6	9	8	2	
2		7	9	1	6	5	4	8
	1	6	8				7	3
9	8	4	5	7	3	6	1	2

Puzzle 13
Easy

8	4	9	3	7	5	6		
5	2	7	4	6	1	8	9	3
6	3	1	2	9	8			
1	8	3	9	5	7		6	
7	6	4	8	3	2	1	5	9
2	9	5	1	4	6	7	3	8
4	7	2	5	1	9	3	8	6
3					4	9		
9					3			

Puzzle 14
Easy

1	2	5	3	6	8	9	7	4
	7	3	5	4	9	2	1	6
6	4	9	7	1	2	5		
5	8	4			3	6	2	7
2	3	7	4	5	6	8	9	1
9	1	6	8	2	7	3	4	5
7	5			3	1	4		9
3	6		9		4		5	
4	9				5			

Puzzle 15
Easy

4	3	6		7			8	
		9	3	5	8	6	4	7
	8	5		4	6	3	2	
8		4	7	9			6	3
	9	7		8	3		5	4
3		2		6		9	7	8
2	4	3	6	1	7	8	9	5
5	7	1	8	2	9	4	3	6
9	6	8		3		7	1	2

Puzzle 16
Easy

1		7	6	8	4	3	2	5
	8	4		9	3	6	7	1
3	6	2	5	7	1	8	4	9
	1		3		7			8
7	5	8	1		9		3	6
4	2		8	5	6		1	
9	7		4		2	5		3
	3	5		6	8	1	9	4
8	4	1	9	3	5	7	6	2

Puzzle 17
Easy

2	5	3	1	8	4		6	9
		7		9	2	3	4	
9		4	6	7	3	2	5	
5	6	1	7	2	9	8	3	4
8		9	4	1	6	5		
4	7	2	3	5	8	9	1	
	4	8		3		6	2	
7		5	2	6		4	8	3
3	2	6	8	4	7	1	9	5

Puzzle 18
Easy

	7		5		1	9		2
		5	9	4	7	8		
9	1	8	3	2	6	5	4	7
7	5		1	9	2		8	
	8	1		7	5	2	9	
2	9			3	8	7	5	1
8	4	7	2	1	9			5
5	3	2	8	6	4	1	7	9
1	6	9	7	5	3	4	2	

Puzzle 19
Easy

		9		7	2	3		
	3	6	8	5	1		2	7
2		7	3	9	4	1	6	
9	4		7	2	8	6	3	1
8	6	2	4		3	7	5	9
	1	3	5		9	2		
3	7	1	2	4	5	8	9	6
6	2	4	9		7	5		3
5		8	1	3	6	4	7	2

Puzzle 20
Easy

8			7	5		4	2	1
3	2		1		9	5	7	
7	5		2		8	9	3	
9	1	7	6	3	4	2		5
6				7		1		
	4	8	9	2	1	7	6	3
2	7	3	5	1	6	8	9	4
1				4	8	2	3	5	7
4	8	5	3	9	7	6	1	2

Puzzle 21
Easy

5	9	3		6	1	2	8	4
				4	9		6	
4	7		8	2	5	1		3
1	6	9	4	5	3	8	2	
7	4	8	9	1	2	3	5	6
3			6	7	8	9	4	
9	3	4	5		7	6	1	2
6	1	7	2	9	4	5	3	8
			1	3			7	9

Puzzle 22
Easy

1	5	9	4	2	6	3	8	7
3	2	8	9	5	7	1	6	4
7	6	4	8	3	1	2	9	5
9	8	1	5	7	2			
5	3	7	6	4	9	8	2	1
6	4		1	8	3	7	5	9
		3	7	6	4	5	1	
				3		5		
4		5	2		8			

Puzzle 23
Easy

	6	9	1	4			7	5
		7	6	9	5	1	3	8
	5	1	7	2		9	4	6
1	7	3	2	6		8	5	9
			8	5		7	1	3
	8	5		1	7	6	2	4
7	9		4	3	2	5	6	1
5	1	4	9	7	6	3	8	2
					1	4	9	7

Puzzle 24
Easy

8			5	6				2
2	6	3	1	4			5	7
4	5		2	3			1	6
3	2	5	8	1	4	6	7	9
6	8	4	7	9	5	1	2	3
1			3	2	6	5	4	
7	1	8	9	5	2		6	
5		2	6	8		7	9	1
9	3	6	4	7	1	2	8	5

Puzzle 25
Easy

	4		7	2		6	3	5
3	7	8		5	6	2	9	4
5	2	6	9	3	4	1	8	7
7	8		5		3	4	2	1
	1	5		9	2	3		
6	3	2		1	7	8	5	
2		4	3	7	9	5	1	8
	5	7	2	4	1	9	6	3
1	9	3						

Puzzle 26
Medium

9		6					3	4
7	3	2					9	1
4			9		3			6
1	2	9				6	8	3
3		7			9		4	2
6	4		3		2			9
2	7	4	8	9	6	3	1	5
8	9	3				4	6	7
5	6	1	7	3	4	9	2	8

Puzzle 27
Medium

	9		7	1			3	
6	8	3			5			2
	1	7	8		6	4	9	5
8	4	6	2	5		9	1	
1	5	2	3	8	9			
	3	9	4	6	1		2	8
3	6				8		4	
		8	6	2	4		5	1
	2		1	9	3	6	8	7

Puzzle 28
Medium

			3		7	6	8	1
		1	2		8		5	4
	8		4		1		2	9
			1		2		4	
	2		5		9	1	6	
8	1	5	6	4	3	9	7	2
		8	7	3	4	2	1	6
	4		9	1	6		3	
1	3	6	8	2	5	4	9	7

Puzzle 29
Medium

7				5		2		
		2		7				4
4	5	1	9		8	3	7	6
6	4	8				7	5	9
5	2	7	6	8	9	4	3	1
3		9	5	4				2
1	7	4	8					
9	3	5	2		4			7
2	8	6	7		5		4	3

Puzzle 30
Medium

2	3					1	9	6
6	1					2	5	7
9	5	7	2	1	6	8	3	4
8	2	3			1	5	6	9
5	7	1				4	8	2
4	6	9	8	2	5	3	7	1
1	9	6				7		3
	8	2			9	6		5
	4	5				9		8

Puzzle 31
Medium

2	4		6			7	1	8
	1		7		4	9	3	2
9	7					4	6	5
	5	4				8	2	7
8	2			7		3	5	9
3	9	7				1	4	6
7	6	2		1		5	8	3
				6	7	2	9	4
4		9		2		6	7	1

Puzzle 32
Medium

1	4		7	2	8	6	5	3
3		5	9	6	4	1	8	
			3		5			4
4			8				1	
		1	2				6	5
5		2	1	3		4		8
6	1	8	4	7	3	5		
				9		8	3	6
9	5	3	6	8	2	7	4	1

Puzzle 33
Medium

7			4	5	1	2		
1	5	3	2	9	7	8		
2	4	9	6	3	8	5	1	7
5		7	8	1				
4			3		6			5
3			5					
8	2	5	1		3	9	7	
6	7	4	9	8	2	3	5	1
9	3	1	7		5			

Puzzle 34
Medium

	4			8	1	6	2	
				9	6	4		
6				4	2	7		
5			2	3	4	8		
2	9	4	8	6	7	3	1	5
3	6	8	9	1	5	2	7	4
			4	2		5		
4			6	5		1		
8	5	6	1	7	3	9	4	2

Puzzle 35
Medium

			1	4	6			
7	6	2	9	8	5	3	1	4
5	1	4	2	3	7			
1	8	7		9	4	2		
6		9			2	1	8	
2	3	5	8			4		
	5	6	7	1	8	9		
3	7	1	4	2	9	6	5	8
9	2			5		7		1

Puzzle 36
Medium

6		8	9	3	2	1		
3	7	1	8	5	4	6	9	
	9		1	6	7	3		8
	6	5	7		1	8	3	9
9			3		5	4	6	1
1		3	6		9		2	
8		6		3				
7				6				3
	3	9		7	8	2	1	6

Puzzle 37
Medium

1	5	8				2		
7	9	2	1	5	3		6	8
4	3	6	2	9	8			
6	4			2	9			
5	8	1	3	4	6	9	2	7
9	2			1	5			6
2	6	4	9		1			
3	7			8	2	6		
8	1	5					9	2

Puzzle 38
Medium

1	4	2		6	7	5	9	3
6	3	7	4	9	5	8	1	2
9	5	8	1			4	6	7
		4	6	1	9	3	2	5
3	9	6	2	5	4	7	8	1
5	2	1	3	7	8		4	
	6				1	2	5	

Puzzle 39
Medium

1	4	6			8	5	3	9
3		5				2	7	
2		7	5		3	1	6	
8	3	2				7		5
6	5	4				3		2
	7	1	3	5	2	8	4	6
4	2	9				6		3
7	6	3				4		1
5	1	8	4	3	6	9		

Puzzle 40
Medium

5		4	3		2	6	1	
3	7	1	5	6	4	8		
	9	2		7		3		4
1	5	3	9	2	7		6	
7				1		9	3	5
8		9		3	5	1	7	
4	6	5	7	1	9			3
	3						9	
9	1		2		3		4	6

Puzzle 41
Medium

7		6	1		3	4	2	5
4	1	3	5		2		6	7
5		2	4	6	7		1	
6	7		8	3	1	5	9	2
1	5	9	7	2	6			
			9		4	1	7	6
	4		2	1		6		
		5	6	4		7		1
	6	1	3	7		2		

Puzzle 42
Medium

9				2	5		8	
8				6	3	2	9	
6		2	9	8	1	4	5	
5	6	9	8	7	2	1	3	4
1	2	8	3	5	4	7		9
		3	1					8
4	8			3	7	9	1	5
3			6	1	9	8	4	
		1	5	4	8		7	

Puzzle 43
Medium

			8	1	2	5		4
			6	4	5	7		
2	5	4	9		3	6	8	1
9	4	1	3	8	6	2	7	5
				5	1	9	4	3
					4	8	1	6
4				6	7	3		
	6		4	2	9	1	5	8
	2	9		3	8	4	6	7

Puzzle 44
Medium

8			6			9	4	1
1		5	8		9		2	7
7		9						
	9	8	7	1	3	4	6	2
	7		2	8	4	1	9	
			5	9		8	7	3
		3	9	7	5	2		
	5	4	3	6	1	7	8	9
9	1	7	4	2	8	5	3	6

Puzzle 45
Medium

1	4	2	6	3	8	5	7	9
5			2	4	9	3	1	6
6	9	3			7	8	4	2
9	6	1	4	7	5	2	8	3
2				6	1	4	9	7
7		4			2	1	6	5
	1							8
								1
8	2	6			3	7	5	4

Puzzle 46
Medium

7	9	2	3	5	6	8	1	4
			1	2	4	5	7	9
4	5	1	9	8	7	3		
8	7	9	4	6	5	1		
2	4	3	8	7	1	6	9	5
			2		9	4	8	7
9		4	5	1		7		
				4		9	5	
				9		2	4	1

Puzzle 47
Medium

		8	3	2	6	4	1	7
7	2	6	8			5	3	9
3	1	4	5	7	9	6	8	2
1	7	9	6					
8	4	2	7	5	3	9	6	1
6	3	5		9	2	7	4	8
2	8		9	6	5		7	4

Puzzle 48
Medium

7			2	1				
		2	7					
	1	9	5			7		2
4	2	6	9	5				8
5	9	7	6	8		4	2	
	3	8	4	7	2			
8			1	9	6	2	3	7
2	7	3	8	4	5	9	1	6
9	6	1	3	2	7	8	5	4

Puzzle 49
Medium

	5	3	6	1	4	2	8	
	2	1				6	4	3
	4	6	2	3		1		
2	1	7				4	3	6
6	3	5	4	7	2		9	1
4	8	9	1	6	3		2	
		8	3	4		9		2
	9	4		2		3		8
3	6	2	9		1			4

Puzzle 50
Medium

7	6		2	3				9
1	5	8		4	6	3		2
2		3	7	8		6		4
		2	4		8	7	6	1
9	8	7	1	6		5		3
4	1		5		3		2	8
6	7	1			9	4	3	5
8	4	5		1	7	2	9	
3		9	6					

Puzzle 51
Hard

	8			5		3		
					4	8		1
			8			2		6
8	9	1	4	2	5	7	6	3
3	4	7	1		6	5		2
		5			3	1		
						4	2	5
4	1	2	5	6	7	9	3	8
				4		6	1	7

Puzzle 52
Hard

7	8						6	5
6	9	5			1		3	
2	4		8	5		9		
5	3	6					4	
8	2	4			5			
	1	7	6	8	4	5	2	3
1		2	4	6	8	3		
3	6							4
4	7					6		2

Puzzle 53
Hard

9	4			5		8		3
3							5	
5				3			4	
		3				5		8
2	9	6		1		7	3	
4	5	8	2	7		6	9	1
	1	9	3	4	6	2	8	5
		5				4	1	6
6	2	4		8		3	7	9

Puzzle 54
Hard

9	8	2	6	7	3	1	4	5
7					9		8	2
5				2	8	7		9
3	2					9		
8	9	7	3	6	1	2	5	4
6	4					8		
4	3			1			9	
1	7						2	
2	5							

Puzzle 55
Hard

	7	6	1	3		5		2
2				5	7	1	6	3
5	3	1	2		6	7		
1	5		6				2	7
				5	2			
6			3					5
	8				5		7	1
9	1				3	8	5	
7	6	5			1		3	

Puzzle 56
Hard

6	3	9	8	2	1		5	
1		2	7			6	8	
8		7				2		1
7		1					4	
5			4					7
3	8	4		9	7		2	
2	1	8	9			3	6	
4	6	5				9	7	
9	7		2		5			8

Puzzle 57
Hard

8			7				5	
				5		7		
5	7	4	9			3		
		8		4		5	7	
	4	5			7			
		7	6	5		1	4	8
7	1		4	6	5	8	3	2
4	5	2				6	1	7
		8	2	7		4	9	5

Puzzle 58
Hard

			2	1	7		8	
	7		3	6		1		
9	2	1	5	8		3		
	6		8	3	1	2	9	5
		2	9	4	5	8	7	6
	9		6	7		4	3	1
			1	2		9		
		9	4	5		7		
				9	8	6		

Puzzle 59
Hard

1	4	6		5		3	7	
9	5		3				6	
8		3	6			9	1	5
				5			3	
5		9					2	
6	1	8	4	2	3	5	9	7
	6	5		3			8	
	8			6	5	7	4	9
	9					6	5	3

Puzzle 60
Hard

1		5	4	3	7	9	6	2
					5		4	
	4					8	5	
		8		5	4		2	
2	5	4				6		
						4		5
8	3	7	5	4	1	2	9	6
5			2	8	3	1	7	4
4	2	1				5		

Puzzle 61
Hard

						2		
	3	8	5	6	2			7
2			9	4	8	6	5	3
			2				8	
		3					7	6
			8	9				2
6	5	1	3	8	9	7	2	4
3	9	2	7	5	4	8	6	1
7	8	4	6		1			

Puzzle 62
Hard

3		2	1	8		6		
1	8	5	9	6	2		4	3
4	9	6	7	5		8		
			2	4	6			
8		9		3				7
6		1		9	7			4
9			4		5	3	7	
2		4		7		9		
7		3	6		9	4		

Puzzle 63
Hard

9		3	8	4	5	1		
5		8	7	1				2
		7			2	5		8
	9	2	4	3				5
			2	5				
8	3	5		7	9	4		1
	5	6		8			9	7
		1					5	4
4	8	9		2	7			

Puzzle 64
Hard

8	5	6	3	7	9		4	2
		1	6	8	2	9	7	5
9		7	4	5	1	8		
		2	9	4	5	3	8	
		9		6		2	5	1
	8	5	2	1		4		
5	9	4	1	3			2	8
		3						
		8						

Puzzle 65
Hard

8		6		5			2	
			3				5	1
2			9	4		6		3
1		2		9		4	3	8
	5	8		2		7		
	6	9	8	7	3	5	1	2
		1		8		3		
6				3		1	8	
	8	3		1		2	4	7

Puzzle 66
Hard

6	3	4	8	1	2			5
9	5	8	3	4	7	1		
		2	5	6	9		8	
		6	7	3	4			
		9	2	8	6		3	
3	2	7	1	9	5	8		
		5	6		8		1	
	6	1			3			
		3			1	6		

Puzzle 67
Hard

1	9	2	4	7	6	3	5	8
4	7	6	5			1	2	9
			9		1	4	6	7
	6	4	1	9	2	5	7	3
2	1	3	7	6	5			4
7	5	9	3				1	6
			6	5				

Puzzle 68
Hard

5	7	2		1	8		9	
				9	7			
	6			5	2	7		
	2	5			1	8	6	
8	1			7	3	9	4	2
	9	4	2	8	6			1
		1	7	6	9			
	8		1	3	5	6		4
6	5		8	2	4			9

Puzzle 69
Hard

	4		9	5			3	1
9	1	3		8	4	5	7	
6	5		3	1		9	4	8
4	2	6	1	9	3		5	7
8	3	9	7	4	5			
1		5				3	9	
				3				5
3			5					9
5								3

Puzzle 70
Hard

		5	3	8		2		
		7	4	2			8	
	8		9	1				
7	5	3	1	4	9	8	6	2
8	9	6	5	7	2	4	1	3
	2	1	6		8	9	5	7
	7	8	2					
				9	3	5		
		9						

Puzzle 71
Hard

	1		9	8	7			
9	7	8	3	5				
	3	5			1	8	9	7
7	9		5					
2	8	6	7	3	9	1	5	4
1								
	6		1	4	5			
5	2		8		3			
3	4	1	6		2		8	5

Puzzle 72
Hard

	7		4	9	8		3	5
	5		6	1			8	
8			5	2			9	6
	8		3	7	1	6	5	
	3				6		1	
					5	3	2	
7	8		1	5	2	9		3
	5	2	7	3	9	8		1
		9		6	4			

Puzzle 73
Hard

8	4			1	9	7		6
3			4	7				1
1	7			2				
7	3		2		1			
6	5	1	9	4				3
9	2	4	8		3			7
2				3	5			
	1	3	6	8	4		7	2
4		7	1	9	2			

Puzzle 74
Hard

		6				4		1
						6		9
9	7	1	4	5	6			3
	1	5				9		7
6						1		5
7		9	5	4	1	3	6	8
1	6	7	2	9	5	8	3	4
						7	9	6
	9			6		5	1	2

Puzzle 75
Hard

1	2	9	7			5	3	4
8	4		1		2	7	6	9
			9	4	3	2	1	8
2			6	9	1	4	7	3
		1	2	7	4	6	8	5
		4	8	3	5	1	9	2
					9		4	
			4					
4								

Puzzle 76
Fiendish

			6	8	2	9	3	4
6	4	2	9	7	3	1	8	5
9	8	3				6	2	7
			7	3			4	
8				2				3
		9				2		
							1	
		5	3		4			

Puzzle 77
Fiendish

4	2	7				6		8
1	3	6						
9	8	5	6	7	2	3	4	1
7	4	2						
					6			
6		9	7					
	7							
	9				7		2	
2	6			9		7	1	5

Puzzle 78
Fiendish

5	8				3		9	
	6	4	7		9	1	3	
9								
			2	9	1			
4	1	8		7	6	2		9
	2	9	8	4	5		1	6
	4		9		8			
	9							
						9	6	

Puzzle 79
Fiendish

3	1	8	7		9			
4	6	9			8	7		1
5	2		1		6		9	
7	9	5		2			8	
2			6	1	7	3	5	9
	3	1	8	9	5			
						8		
						9		3

Puzzle 80
Fiendish

	9						3	4
	3	6		4				
	4							
4	1	2				9		
			2		4		1	
				1			2	5
8	5	1	3				4	9
9	2	4		8	6		7	
7	6	3	4					

Puzzle 81
Fiendish

5		4			9	8	2	1
2	3		1	5	8			
	8		2	4	6			
7	5		9		1			
	9							
8	4						6	
6	7	5					1	
	2			1	7	3	5	6
	1		6		5			

Puzzle 82
Fiendish

		6		2		1	5	
			1	5	6		4	
	5	1	8	3			9	
	8	5			3			9
3		7	5		8			
		4			1			5
		9	3	8			6	1
5	6	3		1				

Puzzle 83 — Fiendish

8					1			
				9		5		
							4	
		6			5	8		
	8					4		5
	4		3	2	8		7	
		8	7		4		9	
9	3	1	5	6	2	7	8	4
4	6	7					5	

Puzzle 84 — Fiendish

8	9	2	6	5			3	
7				8	3	6		
4	6	3	1			8	5	
	4	1	3	6	5	7	2	8
5	8	7	9	4	2			
2	3	6						
1								
6								
3								

Puzzle 85
Fiendish

			9		7			3
9	7	4	5	3	6	8	2	1
			4	1	8		7	
7		1		5	9			
6		5	1	8	3	7		
3				7	4			
		7		6				
								7
			7		1			

Puzzle 86
Fiendish

5	2	9				1	8	7
8	4	6	1	7	9	2	3	
			2	8	5	9		
4	3		6	5	2	7	9	1
						6		
9	6	2		1	7			
						8		

Puzzle 87 — Fiendish

	2			1				8
	6			4				5
				9				3
		7	4			3	2	
				2		4		
2		4				8		9
			5		3		8	
1			9		8	5		
5	8	2	1	6	4	9	3	7

Puzzle 88 — Fiendish

8				9		1	5	
		2				7		3
9						8		4
	9		8	1	3	2	7	5
						3	1	9
2	3	1	9	5	7	6	4	8
				4		9		
					9			
		9					2	6

Puzzle 89
Fiendish

6			4	2				1
		3						4
								6
				6				5
		1		4			6	9
		6			8			3
2	8	4	6	3				7
5	1	9	2	7	4			
3		7					4	2

Puzzle 90
Fiendish

		8	6	5	3	9	2	4
5	9	6	8	2	4		1	
				1	9	8		
					8			
					5			
					1	5		
				8	6			1
	8	7	1	3	2	4	9	
				4		6	8	

Puzzle 91
Fiendish

6	7							9
9								
				9				
			9					
				8	5	9	4	
5	9	4		2		1	7	8
8		1	5		2	7		
3	2	7	4	1	9	5	8	6
4		9						

Puzzle 92
Fiendish

		8	6	7				
	6			2				
	4	2		5				
		4	2	6	7	3	5	9
	9			1	5			
2	7	5	9	3		1		
		7			2			5
4	2		5	8	6			
6	5		7			2		

Puzzle 93
Fiendish

					3		2	5
6				1	9		8	4
			5					3
2			3			8	1	9
				8		3	4	
			1				6	7
	7	1		3			5	6
					1		7	8
9				7			3	1

Puzzle 94
Fiendish

				1		6		
6	2	1						
5				4	6	3		
8	1	5				2	7	6
7	4	2	5	6	8	1	3	9
9	6	3			7	8	4	5
		9				6		
	8				2	7		

Puzzle 95
Fiendish

				5		7		
2	9				1			7
6			8		2			4
5								2
1	7	6	5	4	8			3
8	4	2	1	9	3	5	7	6
3	5	9	6	2	7			

Puzzle 96
Fiendish

	9		8	1	6	7	5	4
8	4	6	2	7	5	9	1	3
5	7	1	3	4	9	8		2
	6			5				
				6				
								6
	2		6					
						6		
6					4			8

Puzzle 97
Fiendish

9	7	2	8	5	6	4	3	1
5	3	1	2	4	9	7	8	6
4	8	6	7			5		9
			9					
							7	
		9	6					
							4	7
					7		9	3
		9	7					

Puzzle 98
Fiendish

			7	4	1	6		
6			2			1		9
			6	9	5			4
		3						
	2					9		
		8		6				3
8			9					
5	7	9	3	1	4	2	6	8
			8	5			9	

Puzzle 99
Fiendish

			9			2	5	
					4		7	6
	1		2	4	7	3	9	5
7	5	9		8				
3	4	2	5	9		8		7
	2		4		9		3	1
			8		5			
					3	2	5	8	9

Puzzle 100
Fiendish

	4		7	3			6	
7		1		6			5	3
				1		9	7	
1				8			2	
			1	7		3		
							8	
	1						4	
4	7	6	2	5	1	8	3	9
			6	4		7	1	2

Solutions

Puzzle 1

2	3	9	6	1	4	7	5	8
8	5	7	9	3	2	1	6	4
4	6	1	7	5	8	9	2	3
9	1	2	3	6	7	8	4	5
5	7	8	4	2	9	3	1	6
3	4	6	1	8	5	2	7	9
6	9	4	8	7	1	5	3	2
1	8	5	2	4	3	6	9	7
7	2	3	5	9	6	4	8	1

Puzzle 2

9	3	7	5	6	1	2	4	8
5	2	8	4	7	9	1	6	3
4	6	1	3	2	8	7	5	9
3	9	4	2	1	6	5	8	7
6	7	2	8	9	5	4	3	1
1	8	5	7	3	4	9	2	6
7	4	3	1	8	2	6	9	5
2	1	6	9	5	3	8	7	4
8	5	9	6	4	7	3	1	2

Puzzle 3

7	5	9	2	3	4	1	8	6
1	3	8	9	5	6	2	7	4
2	4	6	7	1	8	9	5	3
5	9	7	3	8	2	6	4	1
6	8	2	4	9	1	7	3	5
4	1	3	6	7	5	8	2	9
3	2	5	1	6	7	4	9	8
8	6	4	5	2	9	3	1	7
9	7	1	8	4	3	5	6	2

Puzzle 4

2	4	7	3	6	8	9	1	5
8	1	5	2	9	4	3	6	7
3	6	9	7	5	1	8	4	2
1	3	4	8	2	5	7	9	6
6	5	2	9	4	7	1	8	3
7	9	8	1	3	6	2	5	4
5	2	1	6	7	9	4	3	8
4	8	3	5	1	2	6	7	9
9	7	6	4	8	3	5	2	1

Puzzle 5

7	8	9	2	3	6	1	4	5
3	4	2	1	5	7	9	6	8
1	5	6	4	8	9	7	2	3
9	3	4	8	7	1	6	5	2
8	7	1	6	2	5	3	9	4
2	6	5	3	9	4	8	7	1
6	2	7	5	1	3	4	8	9
4	1	8	9	6	2	5	3	7
5	9	3	7	4	8	2	1	6

Puzzle 6

5	4	8	7	3	6	1	9	2
3	2	1	5	9	8	4	6	7
7	6	9	4	2	1	3	5	8
8	5	6	3	1	2	7	4	9
9	7	2	8	6	4	5	1	3
4	1	3	9	5	7	8	2	6
6	9	5	1	8	3	2	7	4
1	3	4	2	7	9	6	8	5
2	8	7	6	4	5	9	3	1

Puzzle 7

6	7	9	1	3	8	5	2	4
1	4	5	6	7	2	3	8	9
3	2	8	9	5	4	6	1	7
2	5	3	4	6	9	8	7	1
8	1	6	7	2	3	4	9	5
4	9	7	5	8	1	2	3	6
7	3	4	8	1	6	9	5	2
5	6	2	3	9	7	1	4	8
9	8	1	2	4	5	7	6	3

Puzzle 8

8	6	1	4	7	3	5	2	9
4	7	2	6	9	5	3	1	8
5	9	3	2	8	1	4	6	7
9	2	5	8	4	6	1	7	3
6	3	7	9	1	2	8	5	4
1	4	8	3	5	7	6	9	2
2	8	6	5	3	9	7	4	1
3	1	9	7	6	4	2	8	5
7	5	4	1	2	8	9	3	6

Puzzle 9

8	2	9	3	6	4	1	7	5
7	1	3	9	5	2	4	6	8
5	4	6	1	8	7	3	9	2
2	7	5	6	3	8	9	1	4
3	9	1	2	4	5	7	8	6
6	8	4	7	1	9	2	5	3
4	3	8	5	7	1	6	2	9
1	5	2	4	9	6	8	3	7
9	6	7	8	2	3	5	4	1

Puzzle 10

4	8	3	5	2	1	9	7	6
2	7	5	6	8	9	3	1	4
1	9	6	4	7	3	5	8	2
8	2	4	3	5	7	1	6	9
6	3	9	8	1	2	4	5	7
7	5	1	9	4	6	8	2	3
9	4	2	1	6	8	7	3	5
5	1	7	2	3	4	6	9	8
3	6	8	7	9	5	2	4	1

Puzzle 11

7	6	2	5	4	3	8	9	1
5	4	1	8	9	7	2	6	3
8	3	9	6	2	1	5	4	7
3	9	7	4	8	2	1	5	6
1	5	6	3	7	9	4	8	2
4	2	8	1	6	5	7	3	9
9	1	3	2	5	4	6	7	8
2	8	5	7	3	6	9	1	4
6	7	4	9	1	8	3	2	5

Puzzle 12

8	6	2	7	5	1	4	3	9
7	9	1	6	3	4	2	8	5
4	5	3	2	9	8	7	6	1
6	4	8	1	2	5	3	9	7
3	2	9	4	8	7	1	5	6
1	7	5	3	6	9	8	2	4
2	3	7	9	1	6	5	4	8
5	1	6	8	4	2	9	7	3
9	8	4	5	7	3	6	1	2

Puzzle 13

8	4	9	3	7	5	6	1	2
5	2	7	4	6	1	8	9	3
6	3	1	2	9	8	4	7	5
1	8	3	9	5	7	2	6	4
7	6	4	8	3	2	1	5	9
2	9	5	1	4	6	7	3	8
4	7	2	5	1	9	3	8	6
3	5	6	7	8	4	9	2	1
9	1	8	6	2	3	5	4	7

Puzzle 14

1	2	5	3	6	8	9	7	4
8	7	3	5	4	9	2	1	6
6	4	9	7	1	2	5	3	8
5	8	4	1	9	3	6	2	7
2	3	7	4	5	6	8	9	1
9	1	6	8	2	7	3	4	5
7	5	2	6	3	1	4	8	9
3	6	1	9	8	4	7	5	2
4	9	8	2	7	5	1	6	3

Puzzle 15

4	3	6	2	7	1	5	8	9
1	2	9	3	5	8	6	4	7
7	8	5	9	4	6	3	2	1
8	5	4	7	9	2	1	6	3
6	9	7	1	8	3	2	5	4
3	1	2	4	6	5	9	7	8
2	4	3	6	1	7	8	9	5
5	7	1	8	2	9	4	3	6
9	6	8	5	3	4	7	1	2

Puzzle 16

1	9	7	6	8	4	3	2	5
5	8	4	2	9	3	6	7	1
3	6	2	5	7	1	8	4	9
6	1	9	3	2	7	4	5	8
7	5	8	1	4	9	2	3	6
4	2	3	8	5	6	9	1	7
9	7	6	4	1	2	5	8	3
2	3	5	7	6	8	1	9	4
8	4	1	9	3	5	7	6	2

Puzzle 17

2	5	3	1	8	4	7	6	9
6	1	7	5	9	2	3	4	8
9	8	4	6	7	3	2	5	1
5	6	1	7	2	9	8	3	4
8	3	9	4	1	6	5	7	2
4	7	2	3	5	8	9	1	6
1	4	8	9	3	5	6	2	7
7	9	5	2	6	1	4	8	3
3	2	6	8	4	7	1	9	5

Puzzle 18

4	7	6	5	8	1	9	3	2
3	2	5	9	4	7	8	1	6
9	1	8	3	2	6	5	4	7
7	5	3	1	9	2	6	8	4
6	8	1	4	7	5	2	9	3
2	9	4	6	3	8	7	5	1
8	4	7	2	1	9	3	6	5
5	3	2	8	6	4	1	7	9
1	6	9	7	5	3	4	2	8

Puzzle 19

1	5	9	6	7	2	3	4	8
4	3	6	8	5	1	9	2	7
2	8	7	3	9	4	1	6	5
9	4	5	7	2	8	6	3	1
8	6	2	4	1	3	7	5	9
7	1	3	5	6	9	2	8	4
3	7	1	2	4	5	8	9	6
6	2	4	9	8	7	5	1	3
5	9	8	1	3	6	4	7	2

Puzzle 20

8	6	9	7	5	3	4	2	1
3	2	4	1	6	9	5	7	8
7	5	1	2	4	8	9	3	6
9	1	7	6	3	4	2	8	5
6	3	2	8	7	5	1	4	9
5	4	8	9	2	1	7	6	3
2	7	3	5	1	6	8	9	4
1	9	6	4	8	2	3	5	7
4	8	5	3	9	7	6	1	2

Puzzle 21

5	9	3	7	6	1	2	8	4
2	8	1	3	4	9	7	6	5
4	7	6	8	2	5	1	9	3
1	6	9	4	5	3	8	2	7
7	4	8	9	1	2	3	5	6
3	2	5	6	7	8	9	4	1
9	3	4	5	8	7	6	1	2
6	1	7	2	9	4	5	3	8
8	5	2	1	3	6	4	7	9

Puzzle 22

1	5	9	4	2	6	3	8	7
3	2	8	9	5	7	1	6	4
7	6	4	8	3	1	2	9	5
9	8	1	5	7	2	4	3	6
5	3	7	6	4	9	8	2	1
6	4	2	1	8	3	7	5	9
2	9	3	7	6	4	5	1	8
8	7	6	3	1	5	9	4	2
4	1	5	2	9	8	6	7	3

Puzzle 23

3	6	9	1	4	8	2	7	5
2	4	7	6	9	5	1	3	8
8	5	1	7	2	3	9	4	6
1	7	3	2	6	4	8	5	9
4	2	6	8	5	9	7	1	3
9	8	5	3	1	7	6	2	4
7	9	8	4	3	2	5	6	1
5	1	4	9	7	6	3	8	2
6	3	2	5	8	1	4	9	7

Puzzle 24

8	7	1	5	6	9	4	3	2
2	6	3	1	4	8	9	5	7
4	5	9	2	3	7	8	1	6
3	2	5	8	1	4	6	7	9
6	8	4	7	9	5	1	2	3
1	9	7	3	2	6	5	4	8
7	1	8	9	5	2	3	6	4
5	4	2	6	8	3	7	9	1
9	3	6	4	7	1	2	8	5

Puzzle 25

9	4	1	7	2	8	6	3	5
3	7	8	1	5	6	2	9	4
5	2	6	9	3	4	1	8	7
7	8	9	5	6	3	4	2	1
4	1	5	8	9	2	3	7	6
6	3	2	4	1	7	8	5	9
2	6	4	3	7	9	5	1	8
8	5	7	2	4	1	9	6	3
1	9	3	6	8	5	7	4	2

Puzzle 26

9	5	6	1	2	8	7	3	4
7	3	2	4	6	5	8	9	1
4	1	8	9	7	3	2	5	6
1	2	9	5	4	7	6	8	3
3	8	7	6	1	9	5	4	2
6	4	5	3	8	2	1	7	9
2	7	4	8	9	6	3	1	5
8	9	3	2	5	1	4	6	7
5	6	1	7	3	4	9	2	8

Puzzle 27

4	9	5	7	1	2	8	3	6
6	8	3	9	4	5	1	7	2
2	1	7	8	3	6	4	9	5
8	4	6	2	5	7	9	1	3
1	5	2	3	8	9	7	6	4
7	3	9	4	6	1	5	2	8
3	6	1	5	7	8	2	4	9
9	7	8	6	2	4	3	5	1
5	2	4	1	9	3	6	8	7

Puzzle 28

2	5	4	3	9	7	6	8	1
9	7	1	2	6	8	3	5	4
6	8	3	4	5	1	7	2	9
3	6	9	1	7	2	5	4	8
4	2	7	5	8	9	1	6	3
8	1	5	6	4	3	9	7	2
5	9	8	7	3	4	2	1	6
7	4	2	9	1	6	8	3	5
1	3	6	8	2	5	4	9	7

Puzzle 29

7	6	3	4	5	1	2	9	8
8	9	2	3	7	6	5	1	4
4	5	1	9	2	8	3	7	6
6	4	8	1	3	2	7	5	9
5	2	7	6	8	9	4	3	1
3	1	9	5	4	7	6	8	2
1	7	4	8	6	3	9	2	5
9	3	5	2	1	4	8	6	7
2	8	6	7	9	5	1	4	3

Puzzle 30

2	3	4	5	8	7	1	9	6
6	1	8	3	9	4	2	5	7
9	5	7	2	1	6	8	3	4
8	2	3	7	4	1	5	6	9
5	7	1	9	6	3	4	8	2
4	6	9	8	2	5	3	7	1
1	9	6	4	5	8	7	2	3
3	8	2	1	7	9	6	4	5
7	4	5	6	3	2	9	1	8

Puzzle 31

2	4	3	6	5	9	7	1	8
5	1	6	7	4	8	9	3	2
9	7	8	1	3	2	4	6	5
6	5	4	3	9	1	8	2	7
8	2	1	4	7	6	3	5	9
3	9	7	2	8	5	1	4	6
7	6	2	9	1	4	5	8	3
1	3	5	8	6	7	2	9	4
4	8	9	5	2	3	6	7	1

Puzzle 32

1	4	9	7	2	8	6	5	3
3	2	5	9	6	4	1	8	7
7	8	6	3	1	5	2	9	4
4	3	7	8	5	6	9	1	2
8	9	1	2	4	7	3	6	5
5	6	2	1	3	9	4	7	8
6	1	8	4	7	3	5	2	9
2	7	4	5	9	1	8	3	6
9	5	3	6	8	2	7	4	1

Puzzle 33

7	6	8	4	5	1	2	3	9
1	5	3	2	9	7	8	6	4
2	4	9	6	3	8	5	1	7
5	9	7	8	1	4	6	2	3
4	8	2	3	7	6	1	9	5
3	1	6	5	2	9	7	4	8
8	2	5	1	4	3	9	7	6
6	7	4	9	8	2	3	5	1
9	3	1	7	6	5	4	8	2

Puzzle 34

7	4	5	3	8	1	6	2	9
1	3	2	7	9	6	4	5	8
6	8	9	5	4	2	7	3	1
5	1	7	2	3	4	8	9	6
2	9	4	8	6	7	3	1	5
3	6	8	9	1	5	2	7	4
9	7	1	4	2	8	5	6	3
4	2	3	6	5	9	1	8	7
8	5	6	1	7	3	9	4	2

Puzzle 35

8	9	3	1	4	6	5	2	7
7	6	2	9	8	5	3	1	4
5	1	4	2	3	7	8	9	6
1	8	7	3	9	4	2	6	5
6	4	9	5	7	2	1	8	3
2	3	5	8	6	1	4	7	9
4	5	6	7	1	8	9	3	2
3	7	1	4	2	9	6	5	8
9	2	8	6	5	3	7	4	1

Puzzle 36

6	5	8	9	3	2	1	4	7
3	7	1	8	5	4	6	9	2
2	9	4	1	6	7	3	5	8
4	6	5	7	2	1	8	3	9
9	2	7	3	8	5	4	6	1
1	8	3	6	4	9	7	2	5
8	1	6	2	9	3	5	7	4
7	4	2	5	1	6	9	8	3
5	3	9	4	7	8	2	1	6

Puzzle 37

1	5	8	4	6	7	2	3	9
7	9	2	1	5	3	4	6	8
4	3	6	2	9	8	1	7	5
6	4	3	7	2	9	5	8	1
5	8	1	3	4	6	9	2	7
9	2	7	8	1	5	3	4	6
2	6	4	9	7	1	8	5	3
3	7	9	5	8	2	6	1	4
8	1	5	6	3	4	7	9	2

Puzzle 38

1	4	2	8	6	7	5	9	3
6	3	7	4	9	5	8	1	2
9	5	8	1	2	3	4	6	7
7	8	4	6	1	9	3	2	5
3	9	6	2	5	4	7	8	1
5	2	1	3	7	8	6	4	9
4	6	9	7	3	1	2	5	8
2	1	3	5	8	6	9	7	4
8	7	5	9	4	2	1	3	6

Puzzle 39

1	4	6	2	7	8	5	3	9
3	8	5	6	9	1	2	7	4
2	9	7	5	4	3	1	6	8
8	3	2	1	6	4	7	9	5
6	5	4	7	8	9	3	1	2
9	7	1	3	5	2	8	4	6
4	2	9	8	1	7	6	5	3
7	6	3	9	2	5	4	8	1
5	1	8	4	3	6	9	2	7

Puzzle 40

5	8	4	3	9	2	6	1	7
3	7	1	5	6	4	8	2	9
6	9	2	8	7	1	3	5	4
1	5	3	9	2	7	4	6	8
7	2	6	1	4	8	9	3	5
8	4	9	6	3	5	1	7	2
4	6	5	7	1	9	2	8	3
2	3	7	4	8	6	5	9	1
9	1	8	2	5	3	7	4	6

Puzzle 41

7	8	6	1	9	3	4	2	5
4	1	3	5	8	2	9	6	7
5	9	2	4	6	7	3	1	8
6	7	4	8	3	1	5	9	2
1	5	9	7	2	6	8	3	4
2	3	8	9	5	4	1	7	6
9	4	7	2	1	8	6	5	3
3	2	5	6	4	9	7	8	1
8	6	1	3	7	5	2	4	9

Puzzle 42

9	1	4	7	2	5	3	8	6
8	5	7	4	6	3	2	9	1
6	3	2	9	8	1	4	5	7
5	6	9	8	7	2	1	3	4
1	2	8	3	5	4	7	6	9
7	4	3	1	9	6	5	2	8
4	8	6	2	3	7	9	1	5
3	7	5	6	1	9	8	4	2
2	9	1	5	4	8	6	7	3

Puzzle 43

6	9	7	8	1	2	5	3	4
3	1	8	6	4	5	7	2	9
2	5	4	9	7	3	6	8	1
9	4	1	3	8	6	2	7	5
8	7	6	2	5	1	9	4	3
5	3	2	7	9	4	8	1	6
4	8	5	1	6	7	3	9	2
7	6	3	4	2	9	1	5	8
1	2	9	5	3	8	4	6	7

Puzzle 44

8	3	2	6	5	7	9	4	1
1	4	5	8	3	9	6	2	7
7	6	9	1	4	2	3	5	8
5	9	8	7	1	3	4	6	2
3	7	6	2	8	4	1	9	5
4	2	1	5	9	6	8	7	3
6	8	3	9	7	5	2	1	4
2	5	4	3	6	1	7	8	9
9	1	7	4	2	8	5	3	6

Puzzle 45

1	4	2	6	3	8	5	7	9
5	7	8	2	4	9	3	1	6
6	9	3	1	5	7	8	4	2
9	6	1	4	7	5	2	8	3
2	3	5	8	6	1	4	9	7
7	8	4	3	9	2	1	6	5
4	1	7	5	2	6	9	3	8
3	5	9	7	8	4	6	2	1
8	2	6	9	1	3	7	5	4

Puzzle 46

7	9	2	3	5	6	8	1	4
3	6	8	1	2	4	5	7	9
4	5	1	9	8	7	3	2	6
8	7	9	4	6	5	1	3	2
2	4	3	8	7	1	6	9	5
5	1	6	2	3	9	4	8	7
9	2	4	5	1	8	7	6	3
1	3	7	6	4	2	9	5	8
6	8	5	7	9	3	2	4	1

Puzzle 47

5	9	8	3	2	6	4	1	7
7	2	6	8	1	4	5	3	9
3	1	4	5	7	9	6	8	2
1	7	9	6	4	8	2	5	3
8	4	2	7	5	3	9	6	1
6	3	5	1	9	2	7	4	8
2	8	1	9	6	5	3	7	4
4	5	3	2	8	7	1	9	6
9	6	7	4	3	1	8	2	5

Puzzle 48

7	5	4	2	1	8	3	6	9
3	8	2	7	6	9	5	4	1
6	1	9	5	3	4	7	8	2
4	2	6	9	5	3	1	7	8
5	9	7	6	8	1	4	2	3
1	3	8	4	7	2	6	9	5
8	4	5	1	9	6	2	3	7
2	7	3	8	4	5	9	1	6
9	6	1	3	2	7	8	5	4

Puzzle 49

7	5	3	6	1	4	2	8	9
8	2	1	5	9	7	6	4	3
9	4	6	2	3	8	1	5	7
2	1	7	8	5	9	4	3	6
6	3	5	4	7	2	8	9	1
4	8	9	1	6	3	7	2	5
1	7	8	3	4	5	9	6	2
5	9	4	7	2	6	3	1	8
3	6	2	9	8	1	5	7	4

Puzzle 50

7	6	4	2	3	1	8	5	9
1	5	8	9	4	6	3	7	2
2	9	3	7	8	5	6	1	4
5	3	2	4	9	8	7	6	1
9	8	7	1	6	2	5	4	3
4	1	6	5	7	3	9	2	8
6	7	1	8	2	9	4	3	5
8	4	5	3	1	7	2	9	6
3	2	9	6	5	4	1	8	7

Puzzle 51

7	8	6	2	5	1	3	9	4
5	2	9	6	3	4	8	7	1
1	3	4	8	7	9	2	5	6
8	9	1	4	2	5	7	6	3
3	4	7	1	9	6	5	8	2
2	6	5	7	8	3	1	4	9
6	7	3	9	1	8	4	2	5
4	1	2	5	6	7	9	3	8
9	5	8	3	4	2	6	1	7

Puzzle 52

7	8	1	3	4	9	2	6	5
6	9	5	2	7	1	4	3	8
2	4	3	8	5	6	9	1	7
5	3	6	7	9	2	8	4	1
8	2	4	1	3	5	7	9	6
9	1	7	6	8	4	5	2	3
1	5	2	4	6	8	3	7	9
3	6	8	9	2	7	1	5	4
4	7	9	5	1	3	6	8	2

Puzzle 53

9	4	2	1	5	7	8	6	3
3	6	1	4	2	8	9	5	7
5	8	7	6	3	9	1	4	2
1	7	3	9	6	4	5	2	8
2	9	6	8	1	5	7	3	4
4	5	8	2	7	3	6	9	1
7	1	9	3	4	6	2	8	5
8	3	5	7	9	2	4	1	6
6	2	4	5	8	1	3	7	9

Puzzle 54

9	8	2	6	7	3	1	4	5
7	1	3	4	5	9	6	8	2
5	6	4	1	2	8	7	3	9
3	2	1	8	4	5	9	6	7
8	9	7	3	6	1	2	5	4
6	4	5	2	9	7	8	1	3
4	3	6	7	1	2	5	9	8
1	7	9	5	8	4	3	2	6
2	5	8	9	3	6	4	7	1

Puzzle 55

8	7	6	1	3	4	5	9	2
2	4	9	5	7	8	1	6	3
5	3	1	2	9	6	7	4	8
1	5	8	6	4	9	3	2	7
3	9	7	8	5	2	4	1	6
6	2	4	3	1	7	9	8	5
4	8	3	9	2	5	6	7	1
9	1	2	7	6	3	8	5	4
7	6	5	4	8	1	2	3	9

Puzzle 56

6	3	9	8	2	1	7	5	4
1	4	2	7	5	9	6	8	3
8	5	7	3	4	6	2	9	1
7	2	1	6	3	8	5	4	9
5	9	6	4	1	2	8	3	7
3	8	4	5	9	7	1	2	6
2	1	8	9	7	4	3	6	5
4	6	5	1	8	3	9	7	2
9	7	3	2	6	5	4	1	8

Puzzle 57

8	6	3	7	1	4	2	5	9
2	9	1	5	3	6	7	8	4
5	7	4	9	2	8	3	6	1
1	2	8	3	4	9	5	7	6
6	4	5	1	8	7	9	2	3
9	3	7	6	5	2	1	4	8
7	1	9	4	6	5	8	3	2
4	5	2	8	9	3	6	1	7
3	8	6	2	7	1	4	9	5

Puzzle 58

4	3	6	2	1	7	5	8	9
5	7	8	3	6	9	1	2	4
9	2	1	5	8	4	3	6	7
7	6	4	8	3	1	2	9	5
3	1	2	9	4	5	8	7	6
8	9	5	6	7	2	4	3	1
6	4	7	1	2	3	9	5	8
2	8	9	4	5	6	7	1	3
1	5	3	7	9	8	6	4	2

Puzzle 59

1	4	6	8	5	9	3	7	2
9	5	2	3	1	7	4	6	8
8	7	3	6	4	2	9	1	5
4	2	7	5	9	1	8	3	6
5	3	9	7	8	6	1	2	4
6	1	8	4	2	3	5	9	7
7	6	5	9	3	4	2	8	1
3	8	1	2	6	5	7	4	9
2	9	4	1	7	8	6	5	3

Puzzle 60

1	8	5	4	3	7	9	6	2
7	6	2	8	9	5	3	4	1
3	4	9	1	2	6	8	5	7
6	1	8	9	5	4	7	2	3
2	5	4	3	7	8	6	1	9
9	7	3	6	1	2	4	8	5
8	3	7	5	4	1	2	9	6
5	9	6	2	8	3	1	7	4
4	2	1	7	6	9	5	3	8

Puzzle 61

5	4	6	1	3	7	2	9	8
9	3	8	5	6	2	1	4	7
2	1	7	9	4	8	6	5	3
1	6	9	2	7	3	4	8	5
8	2	3	4	1	5	9	7	6
4	7	5	8	9	6	3	1	2
6	5	1	3	8	9	7	2	4
3	9	2	7	5	4	8	6	1
7	8	4	6	2	1	5	3	9

Puzzle 62

3	7	2	1	8	4	6	5	9
1	8	5	9	6	2	7	4	3
4	9	6	7	5	3	8	2	1
5	3	7	2	4	6	1	9	8
8	4	9	5	3	1	2	6	7
6	2	1	8	9	7	5	3	4
9	1	8	4	2	5	3	7	6
2	6	4	3	7	8	9	1	5
7	5	3	6	1	9	4	8	2

Puzzle 63

9	2	3	8	4	5	1	7	6
5	4	8	7	1	6	9	3	2
1	6	7	3	9	2	5	4	8
6	9	2	4	3	1	7	8	5
7	1	4	2	5	8	3	6	9
8	3	5	6	7	9	4	2	1
3	5	6	1	8	4	2	9	7
2	7	1	9	6	3	8	5	4
4	8	9	5	2	7	6	1	3

Puzzle 64

8	5	6	3	7	9	1	4	2
3	4	1	6	8	2	9	7	5
9	2	7	4	5	1	8	3	6
1	6	2	9	4	5	3	8	7
4	3	9	7	6	8	2	5	1
7	8	5	2	1	3	4	6	9
5	9	4	1	3	6	7	2	8
6	1	3	8	2	7	5	9	4
2	7	8	5	9	4	6	1	3

Puzzle 65

8	3	6	1	5	7	9	2	4
7	9	4	3	6	2	8	5	1
2	1	5	9	4	8	6	7	3
1	7	2	5	9	6	4	3	8
3	5	8	4	2	1	7	6	9
4	6	9	8	7	3	5	1	2
5	2	1	7	8	4	3	9	6
6	4	7	2	3	9	1	8	5
9	8	3	6	1	5	2	4	7

Puzzle 66

6	3	4	8	1	2	7	9	5
9	5	8	3	4	7	1	6	2
1	7	2	5	6	9	3	8	4
5	8	6	7	3	4	9	2	1
4	1	9	2	8	6	5	3	7
3	2	7	1	9	5	8	4	6
2	9	5	6	7	8	4	1	3
8	6	1	4	5	3	2	7	9
7	4	3	9	2	1	6	5	8

Puzzle 67

1	9	2	4	7	6	3	5	8
4	7	6	5	3	8	1	2	9
3	8	5	9	2	1	4	6	7
8	6	4	1	9	2	5	7	3
2	1	3	7	6	5	8	9	4
7	5	9	3	8	4	2	1	6
9	2	8	6	5	3	7	4	1
5	4	7	8	1	9	6	3	2
6	3	1	2	4	7	9	8	5

Puzzle 68

5	7	2	3	1	8	4	9	6
1	4	3	6	9	7	2	8	5
9	6	8	4	5	2	7	1	3
3	2	5	9	4	1	8	6	7
8	1	6	5	7	3	9	4	2
7	9	4	2	8	6	3	5	1
4	3	1	7	6	9	5	2	8
2	8	9	1	3	5	6	7	4
6	5	7	8	2	4	1	3	9

Puzzle 69

2	4	8	9	5	7	6	3	1
9	1	3	6	8	4	5	7	2
6	5	7	3	1	2	9	4	8
4	2	6	1	9	3	8	5	7
8	3	9	7	4	5	1	2	6
1	7	5	2	6	8	3	9	4
7	9	1	4	3	6	2	8	5
3	8	2	5	7	1	4	6	9
5	6	4	8	2	9	7	1	3

Puzzle 70

9	1	5	3	8	6	2	7	4
6	3	7	4	2	5	1	8	9
2	8	4	9	1	7	6	3	5
7	5	3	1	4	9	8	6	2
8	9	6	5	7	2	4	1	3
4	2	1	6	3	8	9	5	7
5	7	8	2	6	4	3	9	1
1	6	2	7	9	3	5	4	8
3	4	9	8	5	1	7	2	6

Puzzle 71

4	1	2	9	8	7	5	3	6
9	7	8	3	5	6	4	1	2
6	3	5	4	2	1	8	9	7
7	9	3	5	1	4	2	6	8
2	8	6	7	3	9	1	5	4
1	5	4	2	6	8	3	7	9
8	6	7	1	4	5	9	2	3
5	2	9	8	7	3	6	4	1
3	4	1	6	9	2	7	8	5

Puzzle 72

2	6	7	4	9	8	1	3	5
4	9	5	6	1	3	2	8	7
8	3	1	5	2	7	4	9	6
9	2	8	3	7	1	6	5	4
5	4	3	2	8	6	7	1	9
1	7	6	9	4	5	3	2	8
7	8	4	1	5	2	9	6	3
6	5	2	7	3	9	8	4	1
3	1	9	8	6	4	5	7	2

Puzzle 73

8	4	2	3	1	9	7	5	6
3	6	5	4	7	8	2	9	1
1	7	9	5	2	6	3	4	8
7	3	8	2	5	1	4	6	9
6	5	1	9	4	7	8	2	3
9	2	4	8	6	3	5	1	7
2	9	6	7	3	5	1	8	4
5	1	3	6	8	4	9	7	2
4	8	7	1	9	2	6	3	5

Puzzle 74

2	3	6	8	7	9	4	5	1
5	8	4	1	2	3	6	7	9
9	7	1	4	5	6	2	8	3
3	1	5	6	8	2	9	4	7
6	4	8	9	3	7	1	2	5
7	2	9	5	4	1	3	6	8
1	6	7	2	9	5	8	3	4
4	5	2	3	1	8	7	9	6
8	9	3	7	6	4	5	1	2

Puzzle 75

1	2	9	7	6	8	5	3	4
8	4	3	1	5	2	7	6	9
5	6	7	9	4	3	2	1	8
2	5	8	6	9	1	4	7	3
3	9	1	2	7	4	6	8	5
6	7	4	8	3	5	1	9	2
7	1	5	3	2	9	8	4	6
9	8	2	4	1	6	3	5	7
4	3	6	5	8	7	9	2	1

Puzzle 76

5	7	1	6	8	2	9	3	4
6	4	2	9	7	3	1	8	5
9	8	3	4	5	1	6	2	7
1	2	6	7	3	9	5	4	8
8	5	4	1	2	6	7	9	3
7	3	9	5	4	8	2	6	1
3	6	7	8	9	5	4	1	2
2	1	5	3	6	4	8	7	9
4	9	8	2	1	7	3	5	6

Puzzle 77

4	2	7	3	1	9	6	5	8
1	3	6	8	4	5	2	7	9
9	8	5	6	7	2	3	4	1
7	4	2	9	5	8	1	6	3
8	5	3	1	2	6	4	9	7
6	1	9	7	3	4	5	8	2
5	7	4	2	8	1	9	3	6
3	9	1	5	6	7	8	2	4
2	6	8	4	9	3	7	1	5

Puzzle 78

5	8	1	4	6	3	7	9	2
2	6	4	7	5	9	1	3	8
9	3	7	1	8	2	6	4	5
3	5	6	2	9	1	4	8	7
4	1	8	3	7	6	2	5	9
7	2	9	8	4	5	3	1	6
6	4	2	9	1	8	5	7	3
1	9	5	6	3	7	8	2	4
8	7	3	5	2	4	9	6	1

Puzzle 79

3	1	8	7	4	9	5	6	2
4	6	9	2	5	8	7	3	1
5	2	7	1	3	6	4	9	8
7	9	5	3	2	4	1	8	6
2	8	4	6	1	7	3	5	9
6	3	1	8	9	5	2	4	7
8	4	2	9	7	3	6	1	5
9	7	3	5	6	1	8	2	4
1	5	6	4	8	2	9	7	3

Puzzle 80

2	9	7	5	6	1	8	3	4
1	3	6	9	4	8	7	5	2
5	4	8	7	2	3	1	9	6
4	1	2	8	3	5	9	6	7
6	7	5	2	9	4	3	1	8
3	8	9	6	1	7	4	2	5
8	5	1	3	7	2	6	4	9
9	2	4	1	8	6	5	7	3
7	6	3	4	5	9	2	8	1

Puzzle 81

5	6	4	3	7	9	8	2	1
2	3	7	1	5	8	6	4	9
1	8	9	2	4	6	5	3	7
7	5	2	9	6	1	4	8	3
3	9	6	5	8	4	1	7	2
8	4	1	7	3	2	9	6	5
6	7	5	8	9	3	2	1	4
9	2	8	4	1	7	3	5	6
4	1	3	6	2	5	7	9	8

Puzzle 82

7	3	6	4	2	9	1	5	8
8	9	2	1	5	6	3	4	7
4	5	1	8	3	7	2	9	6
6	8	5	2	4	3	7	1	9
3	1	7	5	9	8	6	2	4
9	2	4	6	7	1	8	3	5
2	7	9	3	8	5	4	6	1
5	6	3	7	1	4	9	8	2
1	4	8	9	6	2	5	7	3

Puzzle 83

8	9	3	4	5	1	2	6	7
6	2	4	9	7	3	5	1	8
7	1	5	2	8	6	9	4	3
3	7	6	1	4	5	8	2	9
1	8	2	6	9	7	4	3	5
5	4	9	3	2	8	1	7	6
2	5	8	7	3	4	6	9	1
9	3	1	5	6	2	7	8	4
4	6	7	8	1	9	3	5	2

Puzzle 84

8	9	2	6	5	4	1	3	7
7	1	5	2	8	3	6	4	9
4	6	3	1	7	9	8	5	2
9	4	1	3	6	5	7	2	8
5	8	7	9	4	2	3	1	6
2	3	6	7	1	8	4	9	5
1	2	8	5	3	6	9	7	4
6	7	9	4	2	1	5	8	3
3	5	4	8	9	7	2	6	1

Puzzle 85

1	8	6	9	2	7	4	5	3
9	7	4	5	3	6	8	2	1
2	5	3	4	1	8	6	7	9
7	2	1	6	5	9	3	4	8
6	4	5	1	8	3	7	9	2
3	9	8	2	7	4	1	6	5
5	1	7	8	6	2	9	3	4
8	6	9	3	4	5	2	1	7
4	3	2	7	9	1	5	8	6

Puzzle 86

5	2	9	3	4	6	1	8	7
8	4	6	1	7	9	2	3	5
3	1	7	2	8	5	9	4	6
4	3	8	6	5	2	7	9	1
1	7	5	9	3	4	6	2	8
9	6	2	8	1	7	3	5	4
7	5	1	4	2	3	8	6	9
2	9	4	7	6	8	5	1	3
6	8	3	5	9	1	4	7	2

Puzzle 87

4	2	5	3	1	7	6	9	8
3	6	9	8	4	2	7	1	5
8	7	1	6	9	5	2	4	3
6	5	7	4	8	9	3	2	1
9	3	8	2	5	1	4	7	6
2	1	4	7	3	6	8	5	9
7	9	6	5	2	3	1	8	4
1	4	3	9	7	8	5	6	2
5	8	2	1	6	4	9	3	7

Puzzle 88

8	6	3	7	9	4	1	5	2
4	5	2	1	6	8	7	9	3
9	1	7	2	3	5	8	6	4
6	9	4	8	1	3	2	7	5
5	7	8	4	2	6	3	1	9
2	3	1	9	5	7	6	4	8
1	8	5	6	4	2	9	3	7
3	2	6	5	7	9	4	8	1
7	4	9	3	8	1	5	2	6

Puzzle 89

6	7	5	4	2	3	8	9	1
1	2	3	8	9	6	5	7	4
4	9	8	5	1	7	3	2	6
7	3	2	1	6	9	4	8	5
8	5	1	3	4	2	7	6	9
9	4	6	7	5	8	2	1	3
2	8	4	6	3	1	9	5	7
5	1	9	2	7	4	6	3	8
3	6	7	9	8	5	1	4	2

Puzzle 90

1	7	8	6	5	3	9	2	4
5	9	6	8	2	4	3	1	7
3	2	4	7	1	9	8	5	6
7	4	5	3	9	8	1	6	2
8	1	2	4	6	5	7	3	9
9	6	3	2	7	1	5	4	8
4	3	9	5	8	6	2	7	1
6	8	7	1	3	2	4	9	5
2	5	1	9	4	7	6	8	3

Puzzle 91

6	7	3	2	4	1	8	5	9
9	4	2	7	5	8	3	6	1
1	8	5	3	9	6	4	2	7
2	1	8	9	7	4	6	3	5
7	3	6	1	8	5	9	4	2
5	9	4	6	2	3	1	7	8
8	6	1	5	3	2	7	9	4
3	2	7	4	1	9	5	8	6
4	5	9	8	6	7	2	1	3

Puzzle 92

5	1	8	6	7	4	9	2	3
7	6	3	8	2	9	5	1	4
9	4	2	3	5	1	6	8	7
1	8	4	2	6	7	3	5	9
3	9	6	4	1	5	8	7	2
2	7	5	9	3	8	1	4	6
8	3	7	1	9	2	4	6	5
4	2	9	5	8	6	7	3	1
6	5	1	7	4	3	2	9	8

Puzzle 93

1	8	9	7	4	3	6	2	5
6	3	5	2	1	9	7	8	4
7	2	4	5	6	8	1	9	3
2	4	6	3	5	7	8	1	9
5	1	7	9	8	6	3	4	2
3	9	8	1	2	4	5	6	7
8	7	1	4	3	2	9	5	6
4	5	3	6	9	1	2	7	8
9	6	2	8	7	5	4	3	1

Puzzle 94

3	7	4	8	9	1	5	6	2
6	2	1	3	7	5	4	9	8
5	9	8	2	4	6	3	1	7
8	1	5	4	3	9	2	7	6
7	4	2	5	6	8	1	3	9
9	6	3	1	2	7	8	4	5
1	5	9	7	8	3	6	2	4
2	3	7	6	5	4	9	8	1
4	8	6	9	1	2	7	5	3

Puzzle 95

7	6	3	2	1	5	4	8	9
4	8	5	9	3	6	7	2	1
9	2	1	7	8	4	3	6	5
2	9	4	3	6	1	8	5	7
6	1	7	8	5	2	9	3	4
5	3	8	4	7	9	6	1	2
1	7	6	5	4	8	2	9	3
8	4	2	1	9	3	5	7	6
3	5	9	6	2	7	1	4	8

Puzzle 96

2	9	3	8	1	6	7	5	4
8	4	6	2	7	5	9	1	3
5	7	1	3	4	9	8	6	2
3	6	8	4	5	7	2	9	1
4	1	2	9	6	3	5	8	7
7	5	9	1	2	8	3	4	6
9	2	7	6	8	1	4	3	5
1	8	4	5	3	2	6	7	9
6	3	5	7	9	4	1	2	8

Puzzle 97

9	7	2	8	5	6	4	3	1
5	3	1	2	4	9	7	8	6
4	8	6	7	1	3	5	2	9
2	1	3	9	7	8	6	5	4
8	6	4	1	3	5	9	7	2
7	5	9	6	2	4	3	1	8
6	2	5	3	9	1	8	4	7
1	4	8	5	6	7	2	9	3
3	9	7	4	8	2	1	6	5

Puzzle 98

3	9	2	7	4	1	6	8	5
6	4	5	2	3	8	1	7	9
1	8	7	6	9	5	3	2	4
4	6	3	1	7	9	8	5	2
7	2	1	5	8	3	9	4	6
9	5	8	4	6	2	7	1	3
8	1	4	9	2	6	5	3	7
5	7	9	3	1	4	2	6	8
2	3	6	8	5	7	4	9	1

Puzzle 99

9	6	5	7	2	8	4	1	3
4	3	7	9	1	6	2	5	8
2	8	1	3	5	4	9	7	6
8	1	6	2	4	7	3	9	5
7	5	9	6	8	3	1	2	4
3	4	2	5	9	1	8	6	7
5	2	8	4	6	9	7	3	1
1	9	3	8	7	5	6	4	2
6	7	4	1	3	2	5	8	9

Puzzle 100

5	9	4	7	3	2	1	6	8
7	8	1	4	6	9	2	5	3
3	6	2	5	1	8	9	7	4
1	3	5	9	8	6	4	2	7
6	2	8	1	7	4	3	9	5
9	4	7	3	2	5	6	8	1
2	1	3	8	9	7	5	4	6
4	7	6	2	5	1	8	3	9
8	5	9	6	4	3	7	1	2

www.ingramcontent.com/pod-product-compliance
Lightning Source LLC
Chambersburg PA
CBHW070819220526
45466CB00002B/715